这些房子真奇妙

四季科普编委会 编

中原出版传媒集团
中原传媒股份公司
河南电子音像出版社
·郑州·

图书在版编目（CIP）数据

这些房子真奇妙 / 四季科普编委会编． -- 郑州：河南电子音像出版社，2025.6. --（呀！原来是这样）.
ISBN 978-7-83009-519-2

Ⅰ．TU-49

中国国家版本馆CIP数据核字第202520C176号

这些房子真奇妙
四季科普编委会　编

出 版 人：张　煜
策划编辑：岳　伟
责任编辑：张晓纳
责任校对：曹　璐
装帧设计：吕　冉　四季中天
出版发行：河南电子音像出版社
地　　址：郑州市郑东新区祥盛街27号
邮政编码：450016
电　　话：0371-53610176
网　　址：www.hndzyx.com
经　　销：河南省新华书店
印　　刷：环球东方（北京）印务有限公司
开　　本：787 mm×960 mm　　1/16
印　　张：6.5
字　　数：65千字
版　　次：2025年6月第1版
印　　次：2025年6月第1次印刷
定　　价：38.00元

版权所有，侵权必究。

若发现印装质量问题，请与印刷厂联系调换。
印厂地址：北京市丰台区南四环西路188号五区7号楼
邮政编码：100070　　电话：010-63706888

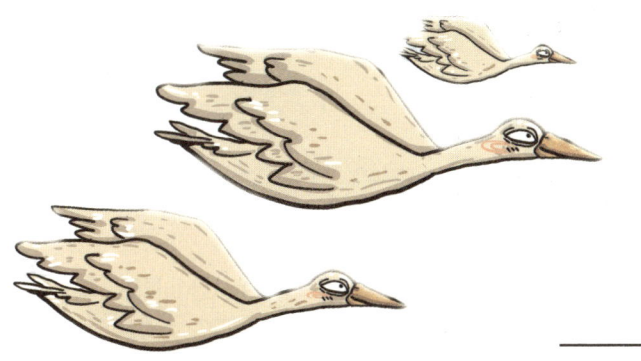

目 录

一千年都没有熄灭过的火炬 / 1

外星人也会搭积木吗 / 6

藏在树林里的城堡 / 10

歪歪的斜塔不会倒 / 15

"石头的交响乐" / 20

花园般的皇后陵墓 / 24

装修豪华的法国皇家宫殿 / 28

地面上的水晶宫 / 34

谁是在云中放牧的姑娘 / 40

在"大贝壳"里一展歌喉 / 45

中国的巨龙 / 50

空中也能盖房子 / 56

皇帝家里房间多 / 61

俄罗斯人的骄傲 / 66

唐僧西天取来的经书放哪儿了 / 72

你知道大本钟吗 / 77

纪念胜利的大门 / 81

吊起"脚丫"的房子 / 86

被人遗弃的古城 / 91

你知道央视大楼吗 / 96

一千年都没有
熄灭过的火炬

　　小朋友，你们知道吗？在两千多年前的古埃及，人们曾修建过一座当时世界上最高的灯塔。灯塔顶上有一把不灭的大火炬，一直燃烧了一千多年，为夜航的船只指引进出港口的路线。你是不是觉得很神奇？让我们一起探寻这座神奇灯塔的秘密吧！

火炬真的一千年没有熄灭吗

公元前4世纪中期，希腊北方小国马其顿迅速崛起。在国王亚历山大三世时期，建立了地跨欧、亚、非三洲的马其顿帝国，还在埃及尼罗河三角洲西北端，即地中海南岸，修建了亚历山大港。这里是马其顿帝国埃及行省的总督所在地。亚历山大三世死后，埃及总督托勒密以亚历山大港为首都建立了托勒密王朝，并加冕为托勒密一世。亚历山大港成为地中海和中东地区重要的国际转运港，每天都有大量船只进出。

但是亚历山大港附近的航海路线十分危险，往来船只常因迷航触礁而沉没，船主和船员都叫苦连天。于是托勒密二世下令，在港口附近的法罗斯岛上建造一座高大的灯塔为来往船只领航，人称"法罗斯灯塔"，又叫"亚历山大灯塔"。

法罗斯灯塔实际建在法罗斯岛附近的一块大礁石上，高100多米，是当时世界上最高的建筑物。

最令人惊叹的是法罗斯灯塔上的大火炬，它日夜不熄地燃烧了千余年，照耀着港口，创造了人类历史上火炬灯塔的奇迹。法罗斯灯塔是古埃及人智慧的结晶，被誉为"古代世界七大奇迹"之一。

法罗斯灯塔是什么样的

法罗斯灯塔共有三层：灯塔底层为正方形，第二层是八角形，第三层是圆形。灯塔内部有很多房间，这么多的房间究竟是用来干什么的呢？可以想象，有的可能是供值班人员住宿、办公或处理各项业务的，有的可能是供天文学家和气象学家在此观察天象的。当然，也有房间会用来存放东西。

法罗斯灯塔现在看不到了

法罗斯灯塔的建造历时近40年，主要用途是为船只导航，还有防卫、侦查等用途。后来，经过多次大地震，整座灯塔被摧毁。

尽管现在法罗斯岛没有灯塔了，但人们在法罗斯灯塔遗址上建起了一座航海博物馆，每年都有成千上万的游客前去参观。

为什么要建法罗斯灯塔

关于法罗斯灯塔的来历有一个传说：公元前280年的一个晚上，一艘埃及皇家轮船从欧洲接新娘返航途中，航行到亚历山大港口时触礁沉没了，船上的皇亲国戚和新娘全部葬身大海。这件事震惊了埃及当时的皇帝——托勒密二世。于是他下令在亚历山大港入口处修建一座导航灯塔。更多的人则认为，亚历山大港是一个很繁忙的港口，每天进出港口的商船很多，为了能在夜里指引船只平安进出，埃及人修建了法罗斯灯塔。

外星人也会搭积木吗

小朋友都喜欢搭积木，用小手认认真真地把不同形状、不同颜色的积木一块块拼起来，就可以搭建出各种各样漂亮的房子，像小木屋、宫殿、摩天大楼等。

你知道吗？在英国伦敦西南方向100多千米的索尔兹伯里平原上，不知道什么人在平地上把几十块巨石竖立起来，围成几个大圆圈，并在竖立的巨石顶端又横架了一块块巨石，人们称之为"巨石阵"。人们研究巨石阵近千年，至今仍存在许多疑问，以至于有人说："这是外星人搭建的积木！"

巨石阵有多大

巨石阵是古代建筑遗迹，位于英国英格兰南部索尔兹伯里城附近。它是由大约100根巨石柱围成的圆形篱笆似的奇特石阵。巨石阵约始建于公元前2300年，前后分三次相隔几个世纪建成。石阵地基直径70多米，周长220多米。每根石柱厚1米、宽2米、高4米，重约25吨。每两根巨石柱上面还横架着一块块巨石。巨石阵的外围是直径约100米的环形沟渠，内侧紧挨着的是56个圆形坑洞。由于这些坑洞是由英国学者约翰·奥布里发现的，人们称它们为"奥布里坑"。

关于巨石阵的几个谜

神奇的巨石阵也给后人们留下了猜不透的谜。

这么多的巨石来自哪里？有人说，这些巨石来自距离巨石阵约30多公里的英格兰南部的一处丘陵。有人说，这些巨石来自距离巨石阵约200多公里的威尔士西南部的一处山脉。具体来自哪里目前还没有定论。

组成巨石阵的每块石头都重达数吨,在没有重型机械的远古时期,人们是怎样搭建成这一奇迹的呢?解释不清这个问题时,有人就说,巨石阵是外星人搭建的积木。当然,这只是一句幽默的玩笑罢了。

巨石阵里面有一个马蹄形的巨石圈,每年夏至这天,马蹄形巨石圈的开口处正对着日出的方向。这种排列方式显然不是巧合,那又是为了什么呢?

为什么搭建巨石阵?这里除巨石阵外,还有大量石门、标石等,据分析,巨石阵及其相关遗址可能是远古人类为了观测天象,定节日,预报日食、月食,或者祭祀而建造的。巨石阵的作用至今仍是个谜,人们对此众说纷纭。

巨大的石头是如何开采并运输过来的

人们很好奇,这些巨大的石头是怎么开采的,又是怎么运输过来的。有人推测,古代匠人可能先将木楔嵌入石头缝隙,木楔在被雨淋湿后开始膨胀,从而使巨大的石板脱落;然后将其放在滚木上拉拽前行,或者用柳条包裹进行滚动。也可能是通过木筏沿着海岸线运输的。只是,具体怎么开采并运输的,至今没有答案。

藏在树林里的城堡

16世纪，在柬埔寨高棉的莽莽丛林中，有人发现了一座壮观的庙宇。这座被人遗忘了几百年的庙宇，就是现在柬埔寨最著名的游览胜地——吴哥窟！小朋友，现在让我们一起来探寻吴哥窟的历史吧！

谁在莽莽丛林中发现了荒废的吴哥窟

1586年,一名来自欧洲的旅行家在柬埔寨高棉的莽莽丛林中发现了荒废多年的吴哥窟,但他所写的有关吴哥窟的报告,却被当时的人们当作天外奇谈,一笑了之。

1857年,法国传教士再次发现了吴哥窟,并上报了相关情况,但仍未引起注意。

1861年,法国博物学家亨利·穆奥来到高棉寻找热带动物，发现了这座宏伟惊人的古庙遗迹，并在其著作《暹罗柬埔寨老挝诸王国旅行记》中详细记录了建筑上的精美浮雕和宏大结构，并大肆渲染道："此地庙宇之宏伟，远胜古希腊、古马遗留给我们的一切，走出森森吴哥庙宇，重返人间，刹那间犹如从灿烂的文明堕入蛮荒。"这才使世人对吴哥窟刮目相看。

1866年，一名法国摄影师发表了他拍摄的吴哥窟照片，让世人目睹了吴哥窟的雄伟风采。

吴哥窟是谁建造的

802年，吴哥王朝建立，定都吴哥地区。12世纪上半叶，国王苏利耶跋摩二世下令建吴哥窟，将其作为印度教寺庙，用以供奉毗湿奴神。

吴哥窟的建筑特色

吴哥窟非常壮观，被当地人称作"毗湿奴的神殿"，中国古籍里称其为"桑香佛舍"。

从空中看，一道明亮如镜的长方形护城河，围绕着一个长方形的满是郁郁葱葱树木的绿洲，绿洲外则是一道环绕寺庙的围墙，绿洲正中是吴哥窟内的主要建筑祭坛。祭坛由三层长方形的须弥台组成，其上有回廊环绕，一层比一层高，象征印度神话中位于世界中心的须弥山。在祭坛顶部矗立着按五点梅花式排列的五座宝塔，象征须弥山的五座山峰。其中四座宝塔较小，排在四个角落。一座大宝塔巍然矗立正中，离庭院地面65米。五塔的间距较宽，塔与塔之间有游廊连接。

丰富多彩的浮雕

　　吴哥窟的浮雕极为精致，主要集中在底层回廊的墙壁上。浮雕的内容主要是印度史诗中的宗教故事和吴哥王朝的一些历史，包括战争、皇家出行、烹饪、农业活动等情景。浮雕上的人物服饰、武器、发型等都刻画得生动逼真，有很高的艺术价值。

吴哥城为何会被遗弃

古代高棉人建造了如此雄伟的吴哥城，为何在15世纪就遗弃它了呢？

据说，15世纪时，由于气候变化，干旱频发。吴哥城的人为解决粮食需求，大量砍伐森林，开垦农田，导致水土流失，使得长时间建立的动力洒水管理系统淤积，旱季时无法供应农田用水，作物产量大幅下降，无法满足数十万人的粮食需求，这造成吴哥城的衰落。当然，暹罗入侵也是一个原因。

歪歪的斜塔不会倒

小朋友，看见一座歪歪斜斜的楼房，你会有什么感觉呢？是害怕？是紧张？还是好奇？在意大利比萨市，就有一座斜塔，几百年了还没倒塌，现在就让我们去看看吧！

它是什么奇怪的建筑

11世纪时，意大利比萨市开始建造一组大型建筑群，由比萨主教堂、洗礼堂、钟塔和墓园等组成。这些罗马式建筑各自相对独立，但又风格统一。

外墙面均由白红相间的大理石砌成的比萨斜塔是比萨大教堂的钟塔。几个世纪以来，倾斜的钟塔始终吸引着全世界好奇的游客、艺术家和学者们，他们来参观研究，试图解决倾斜的问题。

这个塔是故意建成歪歪的样子吗

起初人们都觉得比萨斜塔是故意建成这个样子的，其实不是的。

比萨斜塔是一座直径约16米、高约55米、共8层的圆柱体钟塔，每层外部都环绕着连拱廊。此钟塔的设计原本是正常的直塔。1174年钟塔开始修建，为保证坚固，地基深挖到3米，但兴建到第四层时，建筑就已经明显发生倾斜。此时，因为战争爆发，工程被迫停工。工程停了近50年才重新启动。这一次，为了防止塔身再度倾斜，工程师们采取了一系列的补救措施。如采用不同长度的横梁、增加塔身倾斜相反方向的重量等来转移塔的重心。可建到第七层时，塔身不再呈垂直状而变成了弧形——斜塔向反方向倾斜。因此，比萨斜塔不仅斜，还有点弯。在近一百年内又向外倾斜了约30厘米，致使从塔顶的垂悬直线已偏离底脚约5米。

比萨斜塔为什么会倾斜

比萨斜塔之所以会倾斜，是由它地基下面土层的特殊性造成的。地基下面有几层不同的土层，包括各种砂质、粉质土层和非常软的黏土层，而在地下深约1米的地方则是地下水层。后来经过挖掘，人们发现，比萨斜塔建造在古代海岸边缘，地基下沉，土质沙化。因此，比萨斜塔刚一建造就注定很快将不均匀沉降和倾斜。

能不能把比萨斜塔扶正

现代建筑技术日益先进，难道不能把比萨斜塔扶正吗？虽然有不少科学家多次对比萨斜塔进行修缮，希望能减少它的倾斜程度，但没有人想过把它扶正。因为大家都认为，过度校正或许会导致其倒塌，那将得不偿失。何况，全世界的人都习惯了比萨斜塔歪斜欲倒的样子，这才是它最吸引人的风姿啊！

比萨斜塔为何"斜而不倒"

比萨研究中古史的教授认为，比萨斜塔建筑工艺精湛，建造塔身的每一块石头都是石雕佳品，石块之间极为巧妙的咬合，有效地防止了塔身倾斜引起的断裂，这是斜塔安然屹立近千年不倒的一个内在因素。

比萨斜塔和伽利略有什么故事

著名科学家伽利略，发现古希腊学者亚里士多德提出的"从高空落下的物体，落体的速度与它的质量成正比"的观点是错误的。他坚信物体不论轻重，从同样的高度落下来，都会同时到达地面。据说1590年的一天，伽利略登上比萨斜塔塔顶，两手各持一个铅球，然后同时扔下，结果两个重量不等的铅球几乎同时落地，由此证明了自由落体定律，这就是著名的自由落体实验。

"石头的交响乐"

法国巴黎的西堤岛上有一座古老的教堂,是用石头砌成的,因为工艺精湛,被法国大作家雨果称作"石头的交响乐"。小朋友,让我们去探寻那里的秘密吧!

教堂的修建历史

1163年，一批法国的能工巧匠会集巴黎，动工兴建巴黎圣母院。此后，巴黎圣母院发生过许多历史上的重大事件，当年拿破仑就是在此为自己戴上皇冠的。

由于经历过多次战争，巴黎圣母院在19世纪已变得破烂不堪。法国著名作家雨果在他的小说《巴黎圣母院》中对圣母院进行了充满诗意的描绘。1831年该书出版后，引起很大反响，许多人都希望重修残旧已久的圣母院，并为此发起募捐。

教堂里的布局是啥样的

教堂平面宽约47米，深约125米。教堂的西立面自下而上分为三层，分别是三个尖拱大门、柱廊和拱形圆花窗，两座高约69米的没有塔尖的钟楼被融合在立面之内，并立在顶端。拱门中央的三角墙壁上有精致的浮雕，大门上方有浮雕装饰带，其中

排列着28尊古犹太国王雕像，被称为"国王长廊"。法国大革命时，革命者曾经把这些雕像当作法国历代国王进行破坏，现在上面的石像是19世纪时重新制作的。

巴黎圣母院内部共有五个纵厅，一个在中间，四个在侧面。大厅可容纳9000人。当阳光经过彩色玻璃窗射入室内时，色调变得奇幻瑰丽。

巴黎圣母院最负盛名的玫瑰花窗，是在屋顶处的圆形玻璃窗，内呈放射状。窗户上镶嵌着美丽的彩绘玻璃，设计繁复，像多瓣的玫瑰花般美丽。

在巴黎圣母院里发生过哪些大事

法国许多著名的历史事件都发生在巴黎圣母院里：1455年，圣女贞德的昭雪仪式在巴黎圣母院举行；1654年，路易十四在这里举行了加冕大典；1774年，路易十六在此加冕；1804年，拿破仑在这里为自己戴上皇冠，可谓轰动一时；1918年，群情激昂的巴黎市民纷纷来到这里，怀着无比激动的心情庆贺第一次世界大战的胜利；1945年，也是在这里，巴黎人民庆祝反法西斯战争的胜利。2019年4月15日，巴黎圣母院发生火灾，塔尖倒塌。

花园般的
皇后陵墓

历史上很多皇帝或者国王都有自己钟爱的妃子，古代印度也有一位这样痴情的皇帝——莫卧儿帝国第五代皇帝沙贾汗，他为纪念已故的皇后修建了一座花园一样的陵墓。后来，这座陵墓被誉为"世界新七大奇迹"之一。下面我们就去那儿看看吧！

泰姬陵的主人是谁

在印度北方邦的阿格拉市郊的亚穆纳河南岸，有一座花园般的陵墓。洁白的陵墓在碧空和草坪的映衬下，显得肃穆、庄严、典雅。泰姬陵的主人是沙贾汗的皇后阿姬曼·芭奴，她被沙贾汗封为"泰吉·玛哈尔"，意为"宫廷的皇冠"，这座陵墓也因此被称为"泰姬陵"。

泰姬陵是谁建造的

泰姬陵于1632年开始动工，历时约20年才完工。参与建筑的工人有两万多名，其中还有来自意大利佛罗伦萨的石匠。泰姬陵的主要设计者是土耳其的建筑设计大师。

最美丽的陵墓

泰姬陵是印度艺术的瑰宝，有"完美建筑"和"印度明珠"之美誉，代表了莫卧儿建筑成就的高峰。

泰姬陵占地 17 万平方米，背倚亚穆纳河，整个陵园呈长方形。陵墓建筑大部分用沙贾汗最喜欢的白色大理石砌成，墙上镶嵌五彩宝石，上面有尖尖的塔。红砂石围墙里有两个大院子，一个长方形，一个正方形。正方形大院里有一个花园，中间有一个十字形水池，中心为喷泉。整齐的树木把花园划分为四个同样大小的长方形。陵墓的左右各有一座风格相同的清真寺，用红砂石筑成。

陵墓寝宫居中，四角各有一座高 41 米的尖塔，雄伟挺拔。寝宫上部覆盖着一个直径约 18 米的圆形大穹顶，四周还围着四个亭子式的小穹顶。寝宫分为五间墓室，中央墓室放的就是泰姬和沙贾汗的大理石棺椁（guǒ）。

泰姬陵装饰豪华，镶嵌着无数的水晶、黄玉、蓝宝石和钻石，雕花的大理石棺椁四周还围了一圈透雕的大理石屏风。整个建筑细腻而华丽，充满力量与尊严，彰显着卓越的工艺和艺术品味。

泰吉·玛哈尔是怎样的人

泰吉·玛哈尔，原名阿姬曼·芭奴，是一名波斯美女，因其聪慧又多才多艺被选入宫。1631年，泰吉·玛哈尔在生第14个孩子时不幸离开了人世，年仅38岁。临终之时，她请求沙贾汗为她修建一座世界上最壮美的陵墓，以纪念他们不朽的爱情。

装修豪华的法国皇家宫殿

宫殿，承载着历代帝王的辉煌和荣耀，也是一个国家、一个民族建筑智慧的结晶。法国巴黎有一座皇家宫殿，以恢宏的外观和豪华的装饰，创造了人类建筑史上的奇迹，堪称欧洲最美丽的宫殿。现在我们就去欣赏一下吧！

欧洲宫殿的豪华样板

这座豪华的宫殿叫作凡尔赛宫，因其坐落在巴黎西南的凡尔赛市而得名。

凡尔赛宫总占地面积为111万平方米，曾是法国的王宫。凡尔赛宫是法国古典主义建筑的代表作，和中国的宫殿建筑风格截然不同。它对后来欧洲的建筑产生了很大的影响，几百年间欧洲的王宫几乎都是对它的模仿，它也当之无愧地被列入世界文化遗产名录。1919年的《凡尔赛和约》就是在此签订的。

一座小型的狩猎行宫

17世纪初，凡尔赛只是一个小村庄，喜欢打猎的法国国王路易十三于1624年在此修建了一座小型狩猎行宫。虽然是供国王使用，但这座房子一点儿也不华丽，设备很简陋，不过因其所处的环境优美，依然深受皇室成员喜爱。

是谁决定建凡尔赛宫

法王路易十四经考察权衡后,决定以凡尔赛的狩猎行宫为基础建造新的宫殿,于是命建筑师路易斯·勒沃和孟莎、园林建筑师勒诺特尔以及主持内部装修的首席画师勒班设计,历时50年建成凡尔赛宫。

1682年,法国的宫廷及中央政府迁到了凡尔赛宫。凡尔赛宫的主体建筑长度约402米。同时,在原有建筑的基础上又增建了宫殿的南北两翼、教堂、橘园和大小马厩等附属建筑。18世纪，也就是路易十五时期，人们又在凡尔赛宫的北端建起了歌剧院。至此，凡尔赛宫经过近百年的重建、扩建和装饰，进入全盛时期，居住在其中的皇家贵族和仆从众多。

凡尔赛宫的装修有多精致

凡尔赛宫的装修可谓世界一流，墙壁和天花板上布满了名家画作，寝宫和厅堂精致典雅，富丽堂皇，哪怕是普普通通的家具也是用名贵的木材精雕细琢而成的。

凡尔赛宫最著名的大厅是镜厅，正对花园，其两端一边是战争厅，一边是和平厅。镜厅为穹顶设计，长78米，高13米，宽敞明亮，穹顶绘有金碧辉煌的壁画，营造出无尽伸延的空间效果。镜厅西墙面有17扇面向花园的圆拱形大玻璃窗，东墙面有17面大镜子与之相对。白天可在镜中看到对面的大花园，营造了两边都是花园的感觉；夜晚，镜面和玻璃反映出水晶烛台的烛光，如梦如幻。大厅主要用来举办宴会和舞会，也用于正式的外交礼仪活动。

凡尔赛宫的园林

从凡尔赛宫的平面图可以看出园林布局有两个特点：一是强调中轴线对称；二是强调几何图形的变化。

凡尔赛宫的园林，以运河为主轴，将园林划分为轴对称的格局。运河呈"十"字形，十字顶端正对着宫殿中央，林间大道都从运河顶端呈放射形发散出去。宫殿的另一面，也有三条放射形的大道通向城区大道，其汇聚的顶点在宫殿的正门处。

花园纵深约3千米，布有水池、几何形的道路网，还有笔直宽阔的林荫大道和修剪得平整如墙的花圃、树丛；同时，露台、雕像和喷泉点缀于郁郁苍苍的园林和盈盈的碧水之间，设计巧妙，风景优美，非常漂亮。

凡尔赛宫有缺陷吗

世界上再美丽的东西也会有缺陷,富丽堂皇的凡尔赛宫也不例外,它存在一些建筑设计不合理的问题。如凡尔赛宫建在细软的沙泥地上,容易造成地基下沉。

地面上的水晶宫

《西游记》里有一座水晶宫,是东海龙王在大海里的王宫,门口有虾兵蟹将守卫,整座宫殿晶莹剔透,从宫中就可以看到海中种种奇异的景色。宫中还收藏着各种奇珍异宝,孙悟空的如意金箍棒就是东海龙王收藏的一件宝贝。

在第一届世界博览会上,英国展出了一座用玻璃和钢铁建造的水晶宫,让我们一起去欣赏吧!

英国的水晶宫有多大

这座建筑面积约7.4万平方米,高3层,整个建筑通体透明,宽敞明亮,所以被称为"水晶宫"。

这是人类历史上第一次用钢铁和玻璃为材料建造的超大型建筑,在第一届世博会前完工时,引起了不小的轰动呢!

为什么要建水晶宫

1849年,各国代表在英国白金汉宫召开了一

次会议，决定在1851年举办第一届由世界各个国家参与的国际博览会，会址定在伦敦的海德公园，为此要建一幢临时性的展馆。不过，这个展馆一定要很特别，能够展示出当时大英帝国的经济实力和建筑水平，同时要求在一年内快速建成。当时，这件事由维多利亚女王的丈夫阿尔伯特亲王负责。

到底该怎么建呢

展馆的设计方案可难坏了不少建筑师，英国还特地举办了一场设计大赛，希望能找到最好的展馆设计方案。虽然赛事主办方收到的设计方案多达245个，却没有一个可行的。

展馆必须在一年内建成，要有宽敞明亮的内部空间，以供展览工业产品；由于展馆的地址定在伦敦的海德公园内，且公园内不可能永远保留这个建筑，因此这座展馆必须省工省料，在博览会结束后还要便于拆迁。

有个园艺师想出了好办法

正当阿尔伯特亲王万分焦急之时,英国园艺师约瑟夫·帕克斯顿提出仿照园艺温室建造展馆的设计方案,即用钢铁和玻璃为主要建筑材料,采用预制装配的方法,建造一座展馆。他这个新奇又实用的方案被采纳了。

帕克斯顿以钢铁为骨架、玻璃为主要建材,设计了一个璀璨而华丽的水晶宫。展馆从1850年8月开始建造,不到9个月时间就建成了。博览会期间,来自全世界的几百万名参观者都对它赞叹

不已。帕克斯顿也因水晶宫工程被英国皇家封为爵士，并闻名世界。

水晶宫后来搬到哪儿去了

博览会结束后，水晶宫被搬到伦敦南部肯特郡的塞登哈姆。重新组装时，把中央通廊部分的阶梯改为筒形拱顶，与原来的纵向拱顶一起组成了交叉拱顶的外形，成了一个举办各种演出、展览会、音乐会和其他娱乐活动的场所。

世界上最早的恐龙化石展览就是在这里举行的，当时展出了禽龙、林龙和巨齿龙等恐龙的化石。不过非常遗憾，后来的一场大火把这个美丽的水晶宫全部烧毁了。

为什么要举办世博会

世博会是世界博览会的简称，又叫国际博览会。每届轮流由一个国家主办，由主办国政府确定本届国际博览会的主题，其他国家、地区和国际组织则作为参展者，通过博览会向世界展示当代的文化、科技方面的各种成果，故有世界经济、科技、文化的"奥林匹克"之称。

第一届世博会于1851年在英国伦敦举行，当时还叫"万国工业博览会"。2010年，在我国上海举办了第41届世博会，主题为"城市，让生活更美好"，共有240多个国家、地区和国际组织参加。

谁是在云中放牧的姑娘

美丽的英国水晶宫闻名全世界，聪明的法国人也不认输。为庆祝法国资产阶级大革命100周年和1889年在巴黎举办的世博会，法国人决定建造一座比水晶宫更伟大的建筑。

于是，一座几乎全部用钢材构建的建筑物屹立在了巴黎塞纳河畔的战神广场上。这是之前从未有过的建筑物，浪漫的法国人还为它起了个漂亮的名字——"云中牧羊女"，意思是它像一位在云中放牧的姑娘。现在，我们就去瞧瞧这位"姑娘"吧！

谁是在云中放牧的姑娘

这位"姑娘"就是气势恢宏的埃菲尔铁塔。负责设计建造的是法国工程师埃菲尔,所以人们又称这座铁塔为"埃菲尔铁塔"。

埃菲尔铁塔重9000吨,原高300米,1959年装上电视天线后高320米。其占地面积1万平方米，共有1665个台阶，除四只"脚"用混凝土制作外，全身都是用钢铁制成。远远望去，埃菲尔铁塔很像一个倒写的字母"Y"。为纪念埃菲尔的杰出贡献，塔下还建有一座埃菲尔的半身铜像。

巴黎的瞭望台

埃菲尔铁塔共有三层，除第三层平台没有缝隙外，其他部分全是镂空的。第一层距地面57米，面积最大，有四座拱门，在这里观看近景比较好；第二层距离地面115米，观景最佳，巴黎城区里所有的著名建筑都清晰可见；第三层距离地面276米，适合眺望远处，将整个巴黎尽收眼底。最顶部为巴黎电视中心。

法国人为什么会反对建塔

可能是埃菲尔铁塔的设计太特别了，当时许多法国人并不接受这个钢铁大家伙。建筑和城市规划专家尖刻地批评它。有一些名人，如著名作家莫泊桑和小仲马，还联名写呼吁书，认为埃菲尔铁塔会破坏巴黎的建筑艺术风格。

不过，随着时间的推移，也由于埃菲尔铁塔在第一次世界大战中充当了一个出色的无线电信号塔的角色，法国人开始接受并喜爱它。

伟大的设计师埃菲尔

巴黎世博会筹办委员会本来希望建造一个古典风格的纪念性建筑群，在700多件应征方案里，他们最终还是选中了埃菲尔的设计：一座象征着工业时代的机器文明、在巴黎的任何角落都能看见的巨塔。

当时，埃菲尔已经53岁了，面对人们对铁塔设计方案的冷嘲热讽，他顶住压力带领工匠们完成了这个让后人惊叹的高大建筑。埃菲尔是一位伟大的建筑设计师，正是因为他的才华与坚持，今天的我们才能看到这么神奇的建筑。

埃菲尔铁塔是怎么建成的

1887年，埃菲尔铁塔正式开工，于1889年宣告竣工。在建造时共用了250多万个铆钉，每一块钢铁骨架都是用铆钉连接起来的。因此，埃菲尔铁塔成为当时闻名世界的工业革命的象征。

在"大贝壳"里一展歌喉

澳大利亚是位于南半球的美丽岛国,因季节与北半球相反,每年北半球冬季时,都会有成千上万的游客到正值夏季的澳大利亚度假。在澳大利亚悉尼港便利朗角的海岸上,你会看到一座由几块"大贝壳"组成的建筑,非常美丽,又让人联想到乘风出海的白色风帆!

"大贝壳"是什么

这几块"大贝壳"就是著名的悉尼歌剧院，是歌唱家可以一展歌喉的场所哦！

悉尼歌剧院三面环水，故有"海中歌剧院"之称，它是世界著名的歌剧院之一，不仅是澳大利亚的表演艺术中心，也是悉尼市的地标式建筑，还是世界文化遗产。

悉尼歌剧院由音乐厅、歌剧院、展览馆和餐厅等组成，是悉尼最受欢迎的地方之一。

谁是悉尼歌剧院的设计师

1956年，丹麦38岁的建筑设计师伍重看到了澳大利亚政府向海外征集悉尼歌剧院设计方案的广告。虽然他对远在南半球的悉尼一无所知，但他凭着从小生活在海边渔村的生活经验所获得灵感，做出了设计方案。不过他后来说，他的设计理念既不是船帆也不是贝壳，而是切开的橘子瓣，但他对前两个比喻也非常满意。在他寄出设计方案时，根本没有想到不久后这个"大贝壳"会在遥远的南半球出现。

可惜的是，由于当年和澳大利亚政府发生了争执，伍重在歌剧院全部完工之前就离开了澳大利亚。直到2008年去世，他都没能亲眼看见建成后的悉尼歌剧院。

悉尼歌剧院有多大

远看悉尼歌剧院，就像被海浪冲上岸的数十

只白贝壳。悉尼歌剧院长约183米，宽约118米，高约67米，相当于20层楼的高度。悉尼歌剧院的屋顶由钢筋混凝土肋板构成，施工历时14年，耗资10亿美元。

悉尼歌剧院里面有什么

悉尼歌剧院大致分为三部分：音乐厅、歌剧院和餐厅。音乐厅内可容纳近2700名听众。歌剧院除了有1547个座席外，还配有装置了转台和升降台的440平方米的大舞台。舞台配有两幅法国织造的毛料幕布：一幅名为"日幕"，是用红、黄、粉红三色织成的图案，好似道道霞光普照大地；另一幅名为"月幕"，由深蓝、绿色、棕色组成，犹如一弯新月悬挂云端。

悉尼歌剧院里还有剧场、电影厅、陈列厅、接待厅、各种排练室、化妆室、图书馆、展览室和录音室等大小房间900多个。

中国第一位在悉尼歌剧院开演唱会的歌唱家

悉尼歌剧院世界闻名,能在那里演出的,都是著名歌唱家。宋祖英是中国第一位在悉尼歌剧院举办独唱音乐会的民族歌唱家。

中国的巨龙

从高空俯瞰中华大地的北方,可以看到一条巨龙在崇山峻岭之间蜿蜒盘旋,从东到西,气势磅礴,这就是长城,中华民族创造的一个奇迹,每一位中国人都以此为荣。现在让我们一起走近这条中国巨龙,看看它的历史吧!

为什么要修长城

长城始建于春秋战国时期，当时，楚、齐、魏、燕、赵、秦等国，为防御北方游牧民族和敌国的侵扰，相继修筑了长城，这是万里长城的前身。

秦始皇统一中国后，为了抵抗北方匈奴的袭扰，于公元前214年下令以秦、赵、燕三国的北方长城为基础，修缮增筑，修筑起一段西起临洮（今甘肃岷县）、东至辽东的长城，即秦长城，俗称"万里长城"。

西汉时，为了抵抗匈奴的掠夺，保护通往西域的河西走廊，统治者下令修茸（qì）秦长城外，又增建了东、西两段长城，西段经甘肃敦煌到新疆，东段经内蒙古的狼山、阴山、赤峰达吉林，这是汉长城。

汉朝以后直到清末，几乎每个朝代的统治者都会修缮和增筑长城，其中以明代的修筑工程规模最大，前后修筑长城18次。明长城总长8851.8千米。居庸关一带墙高8.5米，厚6.5米，顶部厚5.7米，女墙高1米，气魄雄伟，是世界历史上伟大工程之一。今存长城多为明长城。

长城真的有一万里长吗

万里长城可不是夸张的说法。2012年6月5日，国家文物局公布调查、认定的历代长城总长度为21196.18千米，横贯我国的东北和中西部15个省、自治区和直辖市。

建长城可不容易啊

修筑长城消耗了大量的民力和财力。据统计，

秦朝全国人口约有2000万,其中被征用修筑长城的工匠就达几十万。修筑长城要用大量的石头和土,那时没有挖掘机、装载机、推土机、起重机等现代机械,仅凭无数工匠的肩膀和双手,把大量的石头和土运上陡峭的山岭,不仅需要力量,还需要智慧。因此,每个登上长城的人,都会对其浩大的工程惊叹不已。

最有名的一段长城在哪里

明长城是历代长城中建筑质量最好的,其中最有名的一段长城是北京延庆的八达岭长城。中外游客到北京,都想登上八达岭长城,做一回"好汉"。

这一段长城,城门是用整齐的条石和城砖砌成的,极为坚固。城墙的顶上由方砖铺成,十分平整,可供五六匹马并驾齐驱。城墙外侧有约2米高的垛口,垛口上面有瞭望洞,下面有射击口,用来观察外面的敌情和射击敌人。

长城上还有"房子"呀

长城上的房子就是"烽火台"。它通常建在易于瞭望的高岗上，便于观察。"烽火台"主要用于传递军情信号，当敌军来袭时，守军点燃烽火（白天放烟，夜间举火），依次传递警报，实现远距离快速通信，相当于2000多年前的"电报系统"。它能在没有现代通信技术的时代实现快速预警。

孟姜女哭倒长城是怎么一回事

传说，孟姜女的丈夫叫万喜良，夫妻二人过着简朴恩爱的生活。一天，万喜良被官府征去修筑长城，远走他乡，从此杳无音信。孟姜女思夫心切，不远万里去边塞寻找丈夫。得知丈夫已经死去，她伤心欲绝，在长城下整整哭了10天，凄惨的哭声竟然使一段长城崩裂坍塌了。

空中也能盖房子

盖房子都要先打好地基，没有地基的房子是不结实的。但也有例外，在北岳恒山的一处悬崖峭壁上有一座悬在半空的寺庙，它虽然没有地基，却存在了 1500 多年。这其中有什么科学原理呢？我们的先人是怎样把房子盖成悬空的呢？让我们去看一看吧！

这座寺庙叫什么

在山西省浑源县恒山唐峪口西侧翠屏峰的峭壁上，离地面约50多米的高处，有一座"玄空阁"，名字取自道家思想中的"玄"和佛家思想中的"空"。后来人们称它为"悬空寺"，因为这座寺庙确实是悬挂在山崖上的，而且"悬"和"玄"谐音，在口语中没有什么区别。

是哪位能工巧匠建的悬空寺

悬空寺的具体建造者已经无从考证了，只知建于北魏王朝后期。那时，北魏王朝把道坛从平城迁至此地，按照道家"不闻鸡鸣犬吠之声"思想的追求建造了悬空寺。

悬空寺这种奇特的建筑形式，在全世界都极为罕见。远远望去，悬空寺浮雕一样的房子镶嵌在悬崖峭壁之间，宛如一幅充满想象力的立体画卷。

悬空寺的奇妙之处

悬空寺最值得称奇的地方就是它的设计和建造的位置。

悬空寺建于悬崖凹处，整个建筑都悬挂在石崖的中间。两边突出的山崖减缓了风力，东边的天峰岭又挡住了太阳，每天平均日照时间只有3个小时。所以，刮风、下雨、日晒对它的影响都不大。石崖顶峰突出，像是一把大伞，保护悬空寺免受雨水冲刷。即使山下发了大水，也不用担心高高在上的悬空寺会被洪水淹没。

悬空寺是怎么"挂"上去的

现在，悬空寺距离地面50多米。据专家考证，悬空寺刚建成时与地面的垂直高度近100米。当然，这不是说悬空寺下降了近50米，而是1500多年来，河水和山洪不断把泥沙冲到峡谷里，使地面抬高了约50米。

从山下看悬空寺，整座寺庙好像只被十几根并不太粗的木柱子支撑着，令人感到不可思议。悬空寺毕竟是有40间殿阁的大型建筑物，仅靠这十几根并不太粗的木柱子支撑起来，怎能不让人感到惊奇呢？

其实，在建筑物底下起支撑作用的木柱子，也只有几根是起承重作用的，其他木柱子只起装饰作用。由于悬空寺的重心锚定在坚硬的岩石上，所以整体非常安全。

悬空寺各殿都是木质结构，对称排列，有回廊栈道相连，而且设计精巧、结构惊险、造型奇特，很有科学价值。

悬空寺崖壁上的字是谁写的

悬空寺是历代文人墨客向往的地方，在它北面的岩壁上刻着"壮观"两个字，笔力道劲，气势磅礴，相传是唐代大诗人李白所书。传说李白游历太原后，到雁门一带游览恒山，进入金龙峡后，被悬空寺奇险的建筑风格深深吸引。不知什么原因，这位诗仙没能留下诗篇，却在石崖上写下了"壮观"二字。书写完后，他觉得这里实在太壮观了，又随手一挥在"壮"字的"士"内加了一点，大约是用这多出来的一点表示"太壮观"了。

皇帝家里房间多

北京是一座历史悠久的城市，古代先后有几个王朝在这里建都。北京最有特色的建筑群，是规模宏大、金碧辉煌的故宫，也就是明清两代的皇宫。凡来北京的人肯定都要到故宫看看。

揭开它的面纱

北京故宫，旧称"紫禁城"，是世界上现存规模最大、最完整的古建筑群。在长达600多年的时间里，这里一直是明、清王朝的权力中心和帝王后妃的寝宫，先后有24位皇帝在这里生活过。

故宫有多少间房

故宫由大小数十个院落组成，房屋9000多间。假如一个刚出生的婴儿在每间屋子里住一天，等他把故宫里的房间都住完时，他已是20多岁了。

这么多的房间都是干什么用的

故宫依据其布局与功用分为"外朝"与"内廷"两大部分。"外朝"与"内廷"以乾清门为界，乾清门以南为"外朝"，以北为"内廷"。"外朝"是皇帝处理政务、举行国家重大庆典活动的地方，以位于中轴线上的太和、中和、保和三大殿为中心。这三座宫殿都建于平面为"土"字形的三层高台上。太和殿，即民间俗称的"金銮殿"，是明清两朝举行盛大典礼的场所。"外朝"三大殿建筑群与文华殿、武英殿建筑群，在布局上形成了"左辅右弼"之势。

乾清门以北，是皇帝和嫔妃生活的场所，称为"内廷"，以位于中轴线上的乾清宫、交泰殿和坤宁宫为中心，东西两侧建有东六宫和西六宫，在布局上形成"众星捧月"之势。乾清宫是皇帝休息的寝宫，他们在这里居住并处理日常政务。乾清宫正殿悬挂的"正大光明"巨匾是由清代顺治帝书写的。坤宁宫在明朝时是皇后的寝宫，在清朝时会作为皇帝皇后大婚时的寝宫，也是祭神场所。坤宁宫北部，是皇帝和嫔妃们休息、游乐的御花园。

故宫有哪些大门

故宫南门，是正门，是故宫等级最高、规模

最大、最为宏伟壮观的一座城门，位于北京城南北中轴线上，因城楼居中向阳，位当子午，故名"午门"。午门平面呈"凹"字形，左右两侧有双阙前出，呈拱卫状，是中国古代建筑门阙合一形式的完美体现。午门迎面开三门，左右还各有一扇掖门，形成"明三暗五"的局面。按清代规制，平时上朝，文武官员走东门，宗室王公走西门，左右掖门一般不开。

东门，名东华门，是故宫的东侧门。此门平时是朝臣及内阁官员进出故宫的宫门，皇帝从来都不从此门出入，但皇帝死后的棺椁和神牌则由此大门出。

西门，名西华门，是故宫的西侧门，因西华门正对着西苑，去西苑时要出入此门。参加宫中庆典的人们，也出入西华门。清代时，设立在武英殿的修书处等机构和内务府均在西华门内，一些文人学士、修书工匠到修书处办公，内务府官员入宫办事，均走西华门。

北门，名神武门，位于故宫的北面正中，设门洞三座。清朝皇后经神武门进出紫禁城时，由中间门出入；妃嫔、官吏、侍卫、太监及工匠等均由偏门出入，清宫选的秀女也由偏门出入。

午门只能皇帝一个人走吗

故宫的正门是午门，门楼上有钟鼓，每当有重大庆典活动时，就要敲钟击鼓。

明清时期，进出宫门有讲究，午门下有五个门洞，不是想走哪一个门洞都可以的。正门是皇帝才可通行的，除了皇帝之外，能走正门的人不多：一是皇帝大婚时，皇后有幸乘凤舆由此门入宫；二是殿试考中状元、榜眼、探花的三人可以由此门走出一次。

俄罗斯人的骄傲

俄罗斯有一句谚语："莫斯科大地上,唯见克里姆林宫高耸;克里姆林宫上,唯见遥遥苍穹。"克里姆林宫,是让俄罗斯人自豪的建筑。

克里姆林宫是一座皇宫,高大的围墙、金顶的钟楼、古老的教堂,构成了俄罗斯人心目中的"建筑经典"。下面我们一起去看看吧!

克里姆林宫始建于何时

克里姆林宫位于俄罗斯的莫斯科市中心，整体呈三角形，面积约27万平方米，是俄罗斯的标志性建筑之一，具有极高的建筑艺术价值。它与周围的红场、教堂、钟楼等，共同组成了规模宏大、设计精美的建筑群。

"克里姆林"，俄语是"卫城"的意思。在12世纪，多尔戈鲁基大公在其分封的领地上修筑了一个木结构的城堡，这是最初的克里姆林宫。到17世纪末，克里姆林宫不仅成为历代沙皇的宫殿，还成为国家政治和宗教中心所在地。随着1712年彼得大帝迁都圣彼得堡，政治权力中心向圣彼得堡转移，克里姆林宫继续保持宗教中心的地位。

1918年，莫斯科重新成为苏俄的首都，克里姆林宫成为苏俄最高权力机关所在地。现在，俄罗斯联邦总统府也在克里姆林宫。

其中最高的建筑是哪座

人们从远处遥望克里姆林宫,一眼就可以看到一座金顶的钟楼,高高地矗立在克里姆林宫建筑群中,这就是伊凡大帝钟楼,在古时是信号台和瞭望台,现在可沿台阶登入钟楼之顶,饱览莫斯科市的全景。

伊凡大帝钟楼始建于16世纪初,原为三层,后增至五层,并冠以金顶。钟楼从第三层往上逐渐变小,外观呈八面棱柱型,每一棱面上都开有一拱形窗口,每个窗口都置有一座自鸣钟。

"钟王"和"炮王"

著名的"钟王"就在钟楼东面,号称世界上最大的钟,在1735年用铜锡合金浇铸而成。大钟外壁铸有精美的图案和花纹、沙皇阿列克谢与皇后安娜的雕像等,其精美的雕刻与工艺彰显了匠人们卓越的技艺与智慧。这些雕刻历经风雨沧桑,仍然清晰醒目。但大钟铸成后被敲第一下时就出现了裂痕，因此《美国百科全书》称它为"世界上从未敲响的大钟"。

这里有一尊青铜制"炮王"。"炮王"于1586年制成，前面摆着四枚炮弹，炮架上也有精美的浮雕，其中有沙皇费奥多尔像。这件重器体型巨大，装饰精美，象征着16世纪俄罗斯武器制造的巅峰技艺。这尊"炮王"内部空间很大，一个成年人可以轻松钻入。不过，这门大炮从来没有上过战场，只是当时铸造工艺的见证。

大广场为什么叫红场

红场是莫斯科最古老的广场，位于克里姆林宫东墙外，平面呈长方形，南北长，东西窄，面积约4万平方米，用青石块铺设路面，显得整洁而古朴。每逢盛大的国家庆典、重要的节日等，俄罗斯人都要在红场举行庆祝活动。

红场的来历与15世纪莫斯科市一场大火灾有关。火灾过后，这里被夷为一片空旷的场地，人们称其为"火烧场"。17世纪，莫斯科人把这个"火烧场"改名为"红场"。19世纪初，俄罗斯击溃拿破仑的军队，重建被拿破仑纵火烧毁的莫斯科城，同时红场被拓宽了。

1917年十月革命胜利后，莫斯科成为苏联首都，红场成为当地人民举行庆祝活动、集会和阅兵的地方。列宁陵墓就位于红场西侧，墓上为检阅台，两旁为观礼台。

为什么希特勒轰炸克里姆林宫没有成功

第二次世界大战时,希特勒想摧毁克里姆林宫。1941年7月22日,德军派了127架轰炸机去空袭莫斯科,目标是炸毁克里姆林宫。但德军轰炸机飞到莫斯科上空后,只是随便扔了几枚炸弹就返航了。这是为什么?原来苏联军事部门采取了伪装战术,让克里姆林宫在德军轰炸机的视线中消失了。

唐僧西天取来的经书放哪儿了

小朋友都喜欢看《西游记》，孙悟空、猪八戒、沙和尚和白龙马，为护送师父唐僧去西天取经，一路上与妖魔鬼怪斗智斗勇，历尽千辛万苦，终于从西天取回经书。

现在，我们来聊聊唐僧，中国历史上真的有唐僧这个人吗？唐僧从西天取回的经书放哪儿了？

唐僧取经的故事是真的吗

唐僧去西天取经，历史上确有其事。唐太宗时，高僧玄奘西出玉门关，沿着"丝绸之路"走了近三年，最终到达印度（当时叫天竺）。后来，玄奘受邀参加了古印度规格很高的佛教学术盛会。在会上，玄奘主持辩论，据说连续十八日无人能辩驳过他，获得了很高的赞誉。645年，玄奘携上百部真经及八尊金银佛像等回到长安。

玄奘从天竺取回的佛教经典和佛像，应该就放在现在的西安市大雁塔内。但具体珍藏在哪里，却无人知晓。专家认为，古塔地下一般情况下都有地宫，大雁塔地下肯定也藏有地宫，只是大雁塔地宫尚未发掘而已。由此推测大雁塔下的地宫里极有可能藏有玄奘当初带回的佛教珍宝。

大雁塔在哪儿呢

唐都长安，在现在的陕西省西安市附近。史料记载，玄奘从印度回到长安后，大慈恩寺迎请玄奘为上座高僧，让他专心致力于佛经翻译事业。后来，玄奘向皇帝申请盖一座塔，供奉和珍藏带回的佛经、金银佛像等宝物。唐高宗李治批准了这个计划，在大慈恩寺院内修建了一座5层砖塔，里面供奉玄奘从天竺带回来的佛像、经书等物。因塔建于大慈恩寺院内，故名大慈恩寺塔。又因塔的造型仿自印度雁塔，故又名大雁塔。

大雁塔长什么样子

武则天时期，人们对大雁塔进行重建，将其建成一座7层砖塔。唐代宗时塔增至10层，后经兵火，只存7层，高64.7米。

大雁塔基座呈正方形，是一座仿木结构的阁楼式砖塔，由塔基、塔身和塔刹（佛塔顶端的标志性构件，即刹顶、刹身、刹座三部分）组成。7层塔身，每层的面积都比下面一层减少一点儿。在大雁塔的底层有四扇石门，门楣上雕刻着精美的佛像，画面布局严谨，线条遒劲流畅。底层南门洞两侧镶嵌着唐代书法家褚遂良所书的两通石碑，即唐太宗李世民所撰的《大唐三藏圣教之序》和唐高宗李治所撰的《大唐三藏圣教序记》，具有很高的艺术价值，人称"二圣三绝碑"。上面每一层的四面都各开有一个拱形门洞，站在那里可以眺望远处。塔内建有木梯，沿此梯可以登上塔顶。五代时，人们对大雁塔再次修葺。后来西安地区发生了几次大地震，大雁塔的塔顶震落，塔身震裂。现今人们所见的大雁塔，是在唐代塔形的外层上又完整地砌了一层砖包层，看上去比以前更宽大。

大雁塔为何会慢慢向西北方向倾斜

人们发现,大雁塔在慢慢向西北方向倾斜。据说在1719年就有人发现塔身开始倾斜了。通过测量发现,大雁塔平均每年朝西北方向倾斜1毫米。

尤其是到了20世纪60年代,由于人们在大雁塔周边过量开采地下水,地面出现大范围的不均匀沉降,加速了大雁塔的倾斜速度。之后,经过30多年的综合整治,大雁塔的倾斜状况已明显得到缓解并趋于稳定。

你知道大本钟吗

现在的人们可以使用各种各样的钟表来掌握时间，钟表大体上分机械表和电子表两类。英国伦敦有一座非常著名的大型机械钟，我们一起去瞧一瞧吧！

为什么叫"大本钟"

威斯敏斯特宫，也是英国议会的所在地，1987年被列为世界文化遗产。著名的"大本钟"，就安装在威斯敏斯特宫北侧的钟楼上，是伦敦的标志性建筑。

"大本钟"，得名于负责监制大钟的大臣本杰明·霍尔爵士。为纪念他的功绩，这座钟被命名为"大本钟"，其中，"本"是"本杰明"的昵称。

大本钟不仅是伦敦的标志性建筑，也是英国的象征之一，在重大节日和庆典活动时，大本钟的钟声常常响彻伦敦上空，成为人们心中美好的象征。

大本钟里面什么样

这座一百多年前的时钟建筑，直到如今还保持着超高的精确度，它到底是怎样一个时钟呢？

大本钟钟楼顶部的钟房，是一座直径7米的矩形四面时钟。大本钟宽12米，高96.3米，分针长4.3米。

更神奇的是，大本钟每隔15分钟演奏一首曲子。

　　大本钟不使用任何电力，机芯系统利用重力转化为机械能，为整个大钟提供动力。它的心脏是内部的钟室。钟室内是一套复杂装置，包括齿轮、杠杆和滑轮。大本钟以格林尼治的天文台计时仪器来校准时间。据说其准确性是这样来保持的：围绕着约3.9米长的钟摆的一个环上，放着三小堆铜币。整个装置非常精密，只要取走一枚便士的铜币，大钟就会在两天之内慢一秒钟。

大本钟停过吗

　　2005年5月27日，大本钟突然停走了一个多小时，技术人员始终也没搞清楚大本钟停走的原因。有些人猜测是天气太热了，因为那天气温超过30 ℃。负责维护大本钟的钟表师说，大本钟的动力三天就会耗尽，钟表师必须每周沿着里面有300多个阶梯的螺旋楼梯爬三次，为它上弦。不过，现在已经装了电梯。

大本钟还能做什么

大本钟还可以用于科学实验,证实光速和音速的区别。

一个人站在钟楼下面,他听见大本钟的钟声,比大本钟被敲响时的时间慢了六分之一秒。如果把一个麦克风放在大本钟的附近,再通过无线电台把钟声传出去,那么远方的收听者会比站在钟楼下的人更早听到钟声。

纪念胜利的大门

欧洲有一种用来纪念战争胜利、庆祝战士凯旋的建筑形式——凯旋门。现在欧洲还有100多座古代凯旋门，法国巴黎凯旋门是欧洲凯旋门中最大的一座。让我们一起去看看吧！

　　巴黎凯旋门位于巴黎戴高乐广场（原名星形广场）的中央，与埃菲尔铁塔、卢浮宫和巴黎圣母院，并称为巴黎四大代表性建筑。这座凯旋门是为纪念奥斯特利茨战争的胜利，由法国皇帝拿破仑下令修建的，是欧洲最大的一座凯旋门。

凯旋门有多大

　　凯旋门全部由花岗岩石雕刻而成，四面各有

一门，门洞内外壁岩石上有许多精美的雕像。门内刻有跟随拿破仑远征的将军的名字，还刻着 1792—1815 年的法国战事史。外墙上刻着取材于 1792—1815 年法国战争的巨幅雕像，正面四幅雕像分别是《马赛曲》《胜利》《抵抗》《和平》。

在凯旋门的下方有一座无名烈士墓，里面埋葬着一名在第一次世界大战中牺牲的无名战士，代表了在战争中牺牲的法国士兵。每逢重大节日，人们会在这里献上象征着法国国旗的红、白、蓝三色的鲜花。

凯旋门还是幢屋子

不要以为凯旋门只是一个普通的大门，现在它里面设有电梯，能到达 50 米高的拱顶，人们也可沿着螺旋形石梯拾（shè）级而上。到达拱顶以后，有一座小型博物馆，里面陈列着有关凯旋门的历史图片和文件，还有拿破仑的生平事迹，以及跟随他征战的将士的名字。另有两间电影放映室，可以看到用英法两种语言播放的巴黎历史资料片。登上凯旋门，便能够欣赏到巴黎的美丽景色。

世界上共有几座凯旋门

因为巴黎凯旋门较有名，所以一说凯旋门，人们首先会想到巴黎凯旋门。其实世界上有很多座凯旋门，如莫斯科凯旋门、君士坦丁凯旋门、奥朗日凯旋门、米兰凯旋门、柏林凯旋门等。

凯旋门是欧洲用来纪念战争胜利的一种建筑，最早出现在古罗马，后来其他国家也纷纷效仿。凯旋门常建在城市的主要街道或者广场上，多为砖石结构，上面刻着昭示战胜方战绩的浮雕。

拿破仑有哪些名言

拿破仑是一位伟大的军事家和政治家，他留下很多经典名言，激励着后来人。这里分享比较有名的几句：

一个人应养成信赖自己的习惯，即使在最危急的时候，也要相信自己的勇敢与毅力。

一切都是可以改变的，"不可能"只有庸人的词典里才有。

人多不足以依赖，要生存只有靠自己。

想得好是聪明，计划得好更聪明，做得好是最聪明又最好。

爱国是文明人的首要美德。

吊起"脚丫"的房子

中国是世界上民族最多的国家，五十六个民族组成了我们的大家庭。不同地区、不同民族的人们有着不同的风俗，从饮食到服饰、从语言到房屋建筑都各不相同。在我国南方的一些地区，人们喜欢把房子盖在半空中。接下来我们就去看看这奇妙的房子吧！

奇妙的房子叫什么

这种"脚丫"被吊起来的房子叫作"吊脚楼",也叫作"吊楼",是山地少数民族的传统住宅,居住在吊脚楼里的少数民族有苗族、壮族、布依族、侗族、水族、土家族等。吊脚楼是中国古代建筑和山区环境有机结合的范例,是一种建筑风格十分独特的房子。

吊脚楼是用什么做的

吊脚楼是用很多的木头做的,以前的吊脚楼一般用茅草或杉树皮做屋顶,也有用石板盖顶的,现在很多地方开始用泥瓦铺盖。建吊脚楼可是当地人民的一件大事,首先他们会去山上选比较好的木材,砍下来拉回寨子里;然后把木头加工成需要的形状,梁木上还要画上好看的图案。等主人选好黄道吉日,就开始上房梁,盖房子,左邻右舍还会送来礼物表示祝贺。

干嘛要盖这么麻烦的房子呀

你可能会想,他们为什么不直接在地上盖房子,非要费这么多周折建吊脚楼啊?原来,那里气候比较潮湿,直接在地面上建房,不宜人们居住。另外,山区里多毒蛇和凶猛的动物,人们的生命安全常常受到威胁。吊脚楼就把这些问题很好地解决了,因为悬在半空中,通风干燥,还能防毒蛇和野兽,而且楼下有更多的使用空间,还可以放些杂物。

瞧瞧它的结构

依山的吊脚楼,在平地上用木柱撑起来,一般分为上下两层:上层通风、干燥、防潮,是生活的地方;下层关牲口或用来堆放杂物。上层中间为堂屋,左右两边称为饶间,作居住、做饭之用。饶间以中柱为界分为两半,前面作火炕,后面作卧室。上层有绕楼的曲廊,曲廊还配有栏杆。廊外有半人高的栏杆，里面有一大排长凳，可以供人休息。

吊脚楼有几种

吊脚楼的形式多种多样，主要有以下几种：单吊式，只正屋一边的厢房伸出悬空，下面用木头支撑；双吊式，正房的两边都有吊出的厢房；四合院式，把正屋两边厢房吊脚楼部分的上面连起来，形成一个四合院；二屋吊式，这种是在单吊式和双吊式的基础上发展来的，就是在一般的吊脚楼上面再加上一层。

关于吊脚楼来历的传说

从前,因为家乡遭受水灾,人们就搬到了很远的山区,那里树木茂密,豺狼虎豹随处可见。他们搭起的棚子经常受到野兽的攻击。后来人们用火光来吓唬野兽,可是还有人经常被毒蛇和小虫子咬伤。后来,一位老人想了个办法,他让年轻人用大树做成架子,在上面搭帐篷让人们居住,这样一来,还真的不怕野兽虫蛇了。后来,这种"空中住房"慢慢变成了现在的"吊脚楼"。

被人遗弃的古城

世界上的古城很多,在约旦南部就有一座神秘的古城,有着玫瑰红一样绚丽的颜色,吸引着很多游客的目光。我们去探个究竟吧!

一座被人遗弃的古城

这座神秘的古城是佩特拉古城,位于约旦南部,距离约旦首都安曼大约 250 千米,是一座被人遗弃了好几个世纪的古城。

佩特拉古城隐没于一条与世隔绝的海拔约 1 千米的深山峡谷中,气候干燥。令人感到奇怪的是,这座城市的房子几乎全都是在岩壁上雕凿而成的。因岩石呈现玫瑰红色,故这里被人们称为"玫瑰之城"。

佩特拉古城里什么样

　　佩特拉古城遗址的地形十分特殊，唯一的入口是一条狭窄的峡谷。峡谷最宽处约 7 米，最窄处仅能容一辆马车通过，全长约 1.5 千米。进入峡谷，道路回环曲折，险峻幽深，路面覆盖着卵石，两边是光滑的峭壁。峡谷尽头豁然开朗，耸立着一座依山雕凿的卡兹尼宫，共上下两层。底层由大圆石柱支撑着前殿，构成堂皇的柱廊。殿门上有三个神龛（kān），供奉着带翅武士等神像。这些雕像比真人还要大，栩栩如生，威严肃穆，颇具神韵。左右石壁上是造型独特、左右对称、线条粗犷的壁画。

穿过卡兹尼宫前面的小山谷，有一座能容纳2000多人的罗马式露天剧场，舞台和观众席都是从岩石中雕凿出来的，紧靠山岩巨石，风格浑然一体。

城市依靠四周的山坡建造而成，有寺院、宫殿、浴室和住宅等，还有从岩石中开凿出来的水渠，在东北部的山岩上开凿有墓窟。

"女儿宫"的传说

在佩特拉古城遗址的山脚下，有一座奇特的古庙建筑，叫作本特宫，也叫"女儿宫"。传说当年城市里缺少水源，百姓生活非常不方便，国王就下令，如果谁能把水引入城里，就把公主嫁给他。后来有一位建筑师从山谷外的一个村子把水引进来了，国王便把公主赐给他为妻，这座宫殿从此改名为"女儿宫"了。

为什么人们要遗弃这座城市

佩特拉位于阿拉伯半岛到地中海的贸易之路上,是希腊、罗马通往埃及、叙利亚的交通要道。从公元前6世纪至2世纪,这里一直是一座繁华的商业城市,也是阿拉伯游牧民族纳巴泰人的首都。106年,这里被罗马帝国攻陷,在沦为罗马帝国的一个省后,作为商路要道仍盛极一时。从3世纪起,红海海上贸易兴起,取代了陆地商路,佩特拉开始衰落。据说,4世纪,地震毁坏了这座古城,许多人丧生,幸存者纷纷逃离此地。从此,佩特拉由生机勃勃的贸易中心变成一座废墟。

你知道央视大楼吗

北京东三环有一座令人惊奇的建筑，外表看起来像一个被扭曲的方框。

看到它的人都会发出同样的感慨：建筑居然还可以做成这种样子！这座奇特的高楼到底是做什么用的呢？我们一起来寻求答案吧！

原来是央视大楼

新建的中央电视台总部大楼位于北京商务中心区，楼里面包括中央电视台总部、电视文化中心等。

这座大楼2004年开工建设，历时8年完工，于2012年投入使用。它的主楼由52层234米高和44层194米高的两座塔楼组成。两座塔楼都向内倾斜6度，建筑外表面的玻璃墙由不规则的几何图案组成。此楼造型独特、结构新颖，高新技术含量大，在国内外均属"高、难、精、尖"的特大型建筑。

大胆构想的建筑设计师

这座高楼的主设计师是荷兰人雷姆·库哈斯和德国人奥雷·舍人，当他们公布设计方案时，人们都不敢相信建筑还可以这么做。

从外观上看，央视大楼由两栋倾斜的大楼作

为支柱，像是一只被扭曲的正方形油炸圈；两栋塔楼在162米处的高空大跨度外伸，通过"L"形悬臂结构连接起来，悬臂前端没有任何支撑。这一独特的造型为央视大楼赢得了一个"大裤衩"的俗称。

雷姆·库哈斯和奥雷·舍人认为，这种结构是对建筑界传统观念的一次挑战，因为人们通常认为摩天大楼就应该高耸入云，直指天空。不过，奥雷·舍人也承认，这种结构在世界其他地方获准建造的可能性很小，现在中国很愿意尝试，这为建筑设计创造了一种优越、自由的氛围。

这座高楼能站稳吗

央视大楼的样子虽然怪怪的，不过它却很稳当哦。

大楼由许多个不规则的菱形渔网状金属脚手架构成。这些脚手架构成的菱形看似大小不一，没有规律，但实际上是经过精密计算的。由于大楼的造型采用不规则设计，造成楼体各部分受力不均匀，甚至有很大的差异，这些菱形块就成为调节受力大小的工具。受力大的部位，要采用较多的网纹，构成很多小块菱形来分解受力；受力小的部位则正好相反，要采用较少的网纹，构成较大块的菱形。

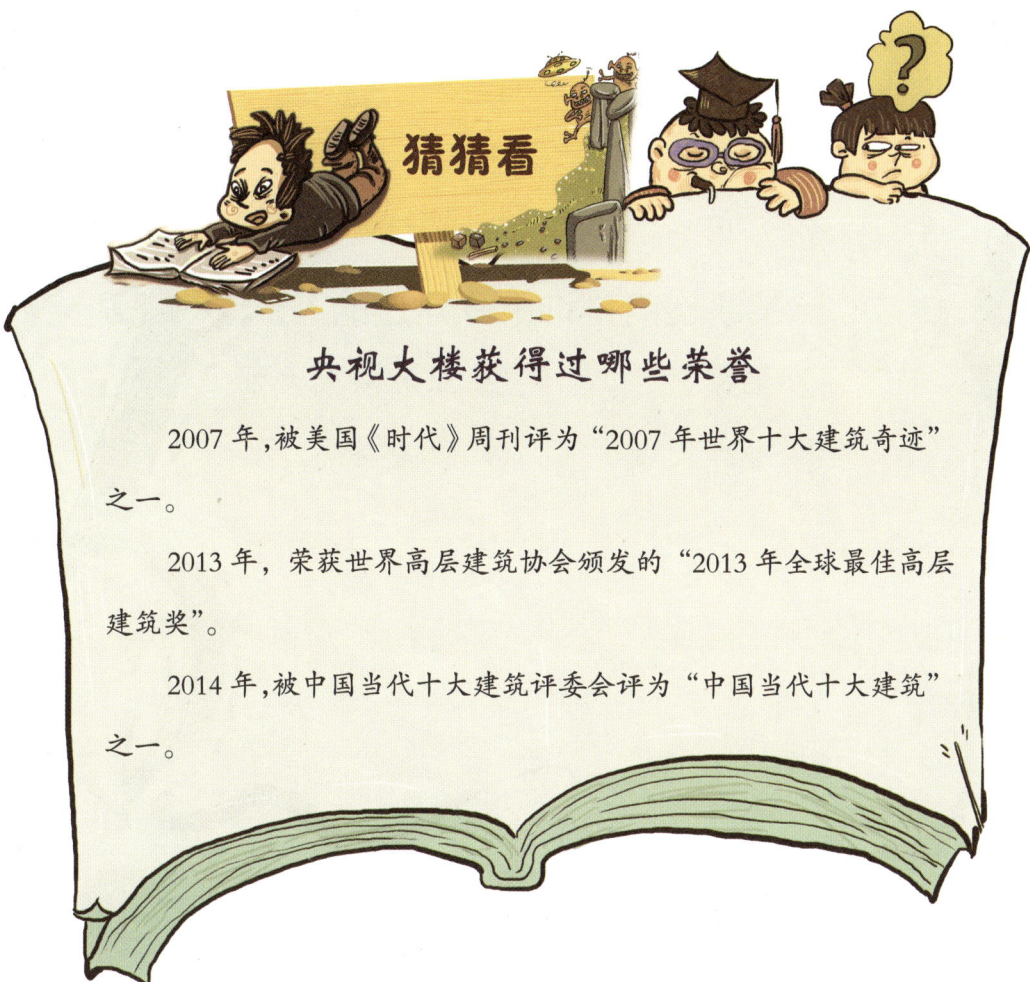

央视大楼获得过哪些荣誉

2007年，被美国《时代》周刊评为"2007年世界十大建筑奇迹"之一。

2013年，荣获世界高层建筑协会颁发的"2013年全球最佳高层建筑奖"。

2014年，被中国当代十大建筑评委会评为"中国当代十大建筑"之一。

小测试

1. 凡尔赛宫在哪个国家?
   - ① 德国
   - ② 印度
   - ③ 法国
   - ④ 俄罗斯

2. 巴黎凯旋门是谁下令建造的?
   - ① 恺撒
   - ② 亚历山大大帝
   - ③ 查理大帝
   - ④ 拿破仑